Goran Rajović

# Assentamento Braće Jerković: Consciência ambiental da população

**Goran Rajović**

# Assentamento Braće Jerković: Consciência ambiental da população

**ScienciaScripts**

**Imprint**

Any brand names and product names mentioned in this book are subject to trademark, brand or patent protection and are trademarks or registered trademarks of their respective holders. The use of brand names, product names, common names, trade names, product descriptions etc. even without a particular marking in this work is in no way to be construed to mean that such names may be regarded as unrestricted in respect of trademark and brand protection legislation and could thus be used by anyone.

Cover image: www.ingimage.com

This book is a translation from the original published under ISBN 978-620-2-06817-8.

Publisher:
Sciencia Scripts
is a trademark of
Dodo Books Indian Ocean Ltd. and OmniScriptum S.R.L publishing group

120 High Road, East Finchley, London, N2 9ED, United Kingdom
Str. Armeneasca 28/1, office 1, Chisinau MD-2012, Republic of Moldova, Europe
Printed at: see last page
**ISBN: 978-620-7-95487-2**

# ÍNDICE DE CONTEÚDOS


PREÂMBULO ........................................................................................................ 2

BELGRADE SETTLEMENT BRACE JERKOVIC: CONSCIENCIALIZAÇÃO AMBIENTAL DA POPULAÇÃO.......................................................................................................... 5

1. Introdução ................................................................................................... 6
2. Trabalhos relacionados ............................................................................... 8
3. Investigação na área ................................................................................. 20
4. Método de investigação ............................................................................ 22
5. Conclusão ................................................................................................. 32

Referências ...................................................................................................... 36

# PREÂMBULO

Durante as últimas três décadas, de acordo com Akca et al (2007), referindo-se à investigação de Pelstring (1997) e Schults & Zelenzy (1999), indica que as questões ambientais se tornaram cada vez mais importantes para os seres humanos em todo o mundo. Os problemas ambientais afectam todas as pessoas, todos os sectores e todos os países, dependendo das condições de vida, da estrutura do sector e da situação geográfica e socioeconómica do país. A proteção do ambiente é um desafio importante para todas as comunidades, sejam elas pequenas ou grandes, rurais ou urbanas, porque as suas consequências a longo prazo afectam significativamente a vida das pessoas (ver Roba, 2012; Kumar, 2013; Khan, 2013; Sola, 2014). "A degradação ambiental é um dos principais factores de tensão na vida das comunidades, tanto em zonas rurais como urbanas.

O número de estudos que abordam os aspectos sociológicos dos problemas ambientais e que explicam o comportamento e a atitude da população urbana é limitado, embora tenham sido realizados muitos estudos sobre a natureza e os problemas ambientais de um ponto de vista técnico e económico (Akca et al, 2007). De acordo com Sherbinin et al (2007), à medida que o domínio dos estudos sobre a população e o ambiente amadureceu, os investigadores quiseram cada vez mais compreender as nuances desta relação. Nas últimas duas décadas, demógrafos, geógrafos, antropólogos, economistas

e cientistas do ambiente procuraram responder a um conjunto mais complexo de

questões, que incluem, entre outras: Como é que as alterações específicas da população

(em densidade, composição ou números) se relacionam com alterações específicas do

ambiente (como a desflorestação, as alterações climáticas ou as concentrações

ambientais de poluentes do ar e da água)? Como é que as condições e alterações

ambientais afectam, por sua vez, a dinâmica das populações? Como é que as variáveis

intervenientes, como as instituições ou os mercados, medeiam a relação? E como é que

estas relações variam no tempo e no espaço? Os investigadores têm procurado

responder a estas questões munidos de uma série de novos instrumentos (sistemas de

informação geográfica, teledeteção, modelos baseados em computador e pacotes

estatísticos) e de teorias em evolução sobre as interações homem-ambiente (ver

Petersen, 1972; Tiffen et al, 1994; Harvey, 1995; Curran e Sherbinin, 2004; Rajovic,

2007 a; Rajovic, 2007 b, Rajovic, 2007 c; Salehi, 2010; Erdogan et al, 2012;

Haghighatian et al, 2013; Khajeshahkoohi et al, 2015; Rajovic e Bulatovic,2015;

Bulatovic e Rajovic, 2016). À luz das informações acima, o objetivo do presente estudo

é analisar a consciência ambiental, por exemplo, da povoação de Belgrado Brace

Jerkovic. Nomeadamente, o estudo representa uma edição suplementar do trabalho de investigação do autor deste texto sob o título "Consciência Ambiental para a Sustentabilidade: A Pilot Survey in the Belgrade Settlement Brace Jerkovic" explicado em *International Journal of Advances in Management and Economics"*, para 2013.anos, Volume 2, Número 1, pp. 20 - 27.

As nossas intenções são modestas e o espaço para uma análise pormenorizada é limitado. Por conseguinte, não nos é possível examinar exaustivamente as questões mencionadas, mas gostaríamos de contribuir para a investigação da consciência ecológica da população, no nosso exemplo da povoação de Belgrado Brace Jerkovic.

# BELGRADE SETTLEMENT BRACE JERKOVIC: CONSCIENCIALIZAÇÃO AMBIENTAL DA POPULAÇÃO

**Resumo**: A educação ambiental dos cidadãos tem sido ativamente implementada por várias organizações na sequência dos esforços do governo e das associações ecológicas para estabelecer normas ambientais mais rigorosas desde o final da década de 1980. Desde a década de 1990, as associações ecológicas têm aplicado incentivos económicos para combater a poluição ambiental, bem como os problemas ambientais globais. No entanto, embora a sensibilização para as questões ambientais tenha melhorado nos últimos anos, foi assinalado um desfasamento entre a atitude e a ação das pessoas no que respeita às questões ambientais. As acções das pessoas não reflectem níveis tão elevados de consciência ambiental (Ai Hiramatsu et al, 2015). Esta contradição entre atitude e ação tem sido mencionada em estudos (ver Stern, 2000; Kollmuss e Agyeman, 2002; Giuseppe, 2006; Ando et al, 2007; Harju - Autti et al, 2014). O objetivo deste artigo é analisar a consciência ambiental, por exemplo, na povoação de Belgrado Brace Jerkovic.

**Palavras-chave:** Brace Jerkovic, Consciência ambiental, Investigação, Inquérito.

# 1. Introdução

Viver no bairro desperta em nós emoções de orgulho e admiração. No entanto, na prática da vida quotidiana, esquecemos muitas vezes que tal beleza e valor só podem ser mantidos com a nossa grande atenção e cuidado. "O conhecimento dos princípios ecológicos, dos processos e dos fenómenos da natureza enriquece o homem para perceber o ambiente como um todo. A edição, de acordo com as suas necessidades, não deve perturbar o processo no mesmo, nem perturbar o equilíbrio funcional no espaço" (Gereke, 1995). Isto pode ser evitado se eu conhecer as leis da ecologia, se estiver a desenvolver uma consciência ambiental e se as pessoas as respeitarem. A este respeito, tentámos utilizar um exemplo de liquidação Brace Jerkovic, encontrar respostas a muitas perguntas relacionadas com a consciência ambiental dos inquiridos. Isto confirma a posição claramente formulada por Vasovic e

Biocanin (2007) "A geração atual precisa de planear e criar para si uma qualidade adequada do ambiente, mas este direito deve manter a próxima geração. De acordo com o conceito de desenvolvimento sustentável, espera-se que a cultura de trabalho se baseie em princípios humanos de desempenho ecuménico, ambiental e social. As tendências de justificação ambiental da nossa sociedade são uma necessidade imperiosa, mas também uma obrigação". "Para sermos bem sucedidos, temos de fornecer informações ambientais especiais, quer sejam utilizadas para eliminar

qualquer problema ambiental ou como base para a tomada de medidas ambientais

específicas, ou para um projeto de investigação mais amplo" (Rajovic,2007 c).

## 2.  Trabalhos relacionados

Embora a necessidade social de investigação ecológica (especialmente os seus componentes essenciais - a consciência ambiental) no nosso país seja incontestável, nem no plano é capaz de satisfazer as suas necessidades actuais e outras. As investigações anteriores sobre a consciência ambiental no nosso país são insuficientes e geralmente parciais, pelo que os requisitos para a consideração destes fenómenos sociais são comuns. A este respeito, salientamos a posição claramente formulada por Jacimovic (1995), que indica que isso se deve ao facto de agora ser mais popular o estudo de grandes áreas, onde se podem ver os problemas de unidades territoriais mais pequenas - a povoação. Um problema (de ordem económica, ecológica) existe em cada um dos nossos bairros. Estes problemas podem ter origem na atitude social geral em relação ao ambiente e ao seu estado atual, com muitos problemas e incertezas.

O nosso país tem atualmente até 440 pontos negros ambientais detectados. O Grande Canal de Backa é oficialmente a via navegável mais poluída da Europa e a região em torno de Bor e Pancevo é uma das mais vulneráveis do continente. Só em Belgrado, existem 150 fontes de potenciais catástrofes ambientais e humanas, bem como lixeiras ilegais, resíduos perigosos, rios e ar envenenados. Tudo isto faz com que a Sérvia ocupe hoje uma posição muito baixa na classificação ecológica da Europa, apesar de a nossa legislação ter sido harmonizada com a da União Europeia em mais de um terço das leis relacionadas com a proteção do ambiente. O canal de Grand Backi faz parte do canal Dunav -Tisa - Dunav. Tem 118 km de comprimento e liga o Dunav (o Abismo) ao Tisa (perto de Becej). O Ministério do Ambiente da Sérvia classifica-o entre os três pontos negros da Sérvia, e a União Europeia conhece-o como a via navegável mais poluída da Europa (www.mojalada.com ).

Refinaria de petróleo de Novi Sad. A destruição, em 1999, provocou a fuga de mais de 70.000 toneladas de petróleo bruto, substâncias tóxicas e cancerígenas para o ar, o solo e as águas subterrâneas!

Em Belgrado, só o Dunav entre os anos Zemun - Grocka despejou mais de 200 milhões de metros cúbicos de águas residuais não tratadas! Produzimos, utilizamos e armazenamos cerca de 1,2 milhões de toneladas de substâncias químicas e apenas 15.000 toneladas estão registadas na indústria.

De acordo com Dekic (2013), utilizando a investigação de Chen et al (2007) e Jablanovic et al (2003), salienta que o monóxido de carbono, o dióxido de azoto e o dióxido de enxofre são os poluentes atmosféricos mais importantes. O maior problema da poluição e da purificação do ar é o facto de a poluição se espalhar a longas distâncias pelo ar e ser a mais difícil de limpar. Algumas das soluções para reduzir as emissões dos veículos a motor (uma vez que envolveu cerca de metade da poluição total de óxidos de azoto) são: a utilização de conversores catalíticos, a utilização de automóveis "mais limpos" e autocarros que saem do carro nos semáforos que mantêm as longas superfícies verdes. Ao analisar dois dos cruzamentos mais movimentados em vários Belgrado, de acordo com Dekic (2013), descobrimos que de 47 dias sobre GVI concentrando-se na estação de trabalho Slavjia Square 46 dias tem sido concentrações elevadas de dióxido de nítrico. No ponto de medição Despot Stefan Boulevard, 43 dias com uma concentração superior a 40 dias de GVI foram concentrações elevadas de dióxido de azoto gasoso. Além disso, o valor médio anual de dióxido de azoto é mais elevado na estação de trabalho Slavija Square, em relação aos limites prescritos e aos valores de tolerância. A concentração máxima diária média no local de medição Slavija está a atingir uma concentração de 657,4 mg even / $m^3$ que é 5,2 vezes mais do que o exigido ILV aviso ao público através de meios electrónicos e impressos. Com base no que precede, é necessário efetuar medições sistemáticas da poluição atmosférica em Belgrado.

Loznica, dois anos após o grande incêndio da fábrica de viscose Loznica Circle, foram deslocadas cerca de 500 toneladas de dissulfureto de carbono, substâncias perigosas e altamente inflamáveis. Na fábrica de travões para automóveis (FAK) em Loznica, em barris de plástico e metal não adequados, foram armazenadas mais de 15 toneladas de sais de cianeto.

Em Pancevo, nos últimos 40 anos, registaram-se dezenas de incidentes ambientais. Nomeadamente, a zona industrial de Voivodina do Sul é constituída por uma série de instalações industriais - localizadas a apenas 150 metros dos edifícios residenciais mais próximos. Assim, na refinaria de petróleo - ocorrem os seguintes poluentes: negro de fumo, benzeno, tolueno, dióxido de enxofre e outros sulfuretos. Nas instalações industriais, verificou-se a presença de "nitrogénio": amoníaco, óxido nitroso, ácido nítrico, monóxido de carbono e dióxido de carbono.

Já a "Fábrica de produtos químicos" registou os seguintes poluentes: cloreto de vinilo - monómero, dicloreto de etileno, mercúrio, óleo, fenol, cloro, cloreto de hidrogénio.

De acordo com o Ministério da Proteção do Ambiente da Sérvia, o município de Bor é o ponto ecológico mais negro dos Balcãs Ocidentais. Devido a uma tecnologia inadequada, as concentrações de dióxido de enxofre são as maiores da Europa (www.mojalada.com ).

Partindo dos cenários, observações e conclusões apresentados, este estudo pretende dar um contributo para o estudo da consciência ambiental, por exemplo, nas povoações de Brace Jerkovic. As investigações anteriores realizadas relativas ao município de

Vozdovac, ao qual pertence a aldeia Brace Jerkovic, tinham um carácter mais fragmentado, como foi feito na outra análise, ou limitavam-se no seu âmbito a apenas alguns aspectos da ecologia. No que diz respeito à ecologia, muitos autores, no seu trabalho teórico, observaram este complexo processo natural de vários ângulos, quer diretamente, quer na análise dos desenvolvimentos socioeconómicos globais. Criou-se assim uma base científica rica, a orientação necessária para novas investigações.

Dado que as fontes de investigação existentes, nem de perto tão complexas, não permitem considerar a consciência ambiental como base para o desenvolvimento sustentável das povoações de Brace Jerkovic, adoptámos um inquérito de campo abrangente e, em muitos aspectos, difícil, pelo que tentámos analisar esta questão mais especificamente. Os inquiridos manifestaram interesse, até um máximo de autores, em reunir-se e participar no inquérito.

Pesquisando em fontes de informação, na literatura e na Internet, encontrámos as descrições de estudos semelhantes e estudos de investigação ambiental semelhantes no nosso país e no mundo inteiro. Numerosos estudos resolveram com sucesso as questões ambientais, onde estão a utilizar diferentes métodos de investigação. Longe nos levaria a listagem de tais pesquisas, portanto, neste trabalho limitamo-nos apenas a estudos semelhantes realizados no nosso país e entre várias regiões do mundo, e que dizem respeito ao nosso objeto de pesquisa. Rajovic (2007 a, b) o autor discute a consciência ambiental e mostra que é uma base necessária para um maior desenvolvimento sustentável das zonas rurais do Montenegro. A sensibilização ambiental, juntamente com os conhecimentos e as competências, constitui uma base para avançar para sistemas mais vastos, objectivos mais amplos e para compreender as causas, as consequências e as relações que regem o ambiente. A proteção das zonas rurais é importante para a população local do Montenegro, mas também para o desenvolvimento do turismo, que exige zonas originais e bem preservadas. Como tal, o seu preço no mercado do turismo é mais elevado.

Rajovic e Bulatovic (2008), os autores abordam o problema dos inquéritos à população sobre a poluição e o ambiente natural em Vrbas e sublinham a complexidade que está aberta a diferentes soluções. De acordo com o conceito de desenvolvimento sustentável, na implementação do projeto de recuperação do grande Backi, canalizaram um Instituto Norueguês de Testes de Água. A população inquirida sugere a necessidade de harmonizar os regulamentos da União Europeia no domínio da ecologia com a legislação do nosso país e de sensibilizar a população para a proteção do ambiente.

Os autores Pantovic et al (2008) tratam da cooperação entre as cidades de Bor e Cresol (França). No final de 2004, os membros do grupo visitaram o Eco - Club - Bor, e tiveram a oportunidade de, através do módulo "Ambiente", se familiarizarem com tecnologias modernas no domínio do tratamento de resíduos urbanos, Cresol e o ambiente. O Ministério dos Negócios Estrangeiros francês financia o projeto. Neste documento, uma breve revisão de algumas soluções concretas para o problema do tratamento de resíduos em Cresol.

Trajkovic e Vuckovic (2009), a participação pública não tem merecido a devida atenção na gestão de resíduos. Os autores apontam para a importância da participação pública na gestão de resíduos, e um exemplo para demonstrar como os utilizadores podem participar na tomada de decisões nesta área. Esta investigação foi conduzida pela ONG italiana Cooperation Internationals (COOPI) em cooperação com a PUC mediana no âmbito do projeto "Melhorar a qualidade da gestão e controlo dos recursos energéticos e ambientais da cidade de Nis", financiado pelo Governo italiano através do Ministério dos Negócios Estrangeiros de Itália. A primeira tarefa é informar o público em geral sobre a necessidade de uma gestão sustentável dos resíduos. Quando o público estiver mais familiarizado com as questões ambientais, estará a ajudar a resolvê-las.

Rajovic (2009), o autor, realizou um inquérito numa aldeia rural de Gnjili Potok e chegou a um resultado - a posição geográfica desfavorável ao lado de estradas principais e o processo de recuperação de terras tiveram um impacto na oportunidade socioeconómica. O movimento da população revela um declínio acentuado. Durante o período de 1948 a 2008, a população diminuiu 75,1%. Apesar do baixo nível de vida, apenas um terço dos habitantes das aldeias completou a lacuna financeira da fonte de rendimento das terras agrícolas. A vida melhor e mais confortável dos habitantes é vista sobretudo na construção de infra-estruturas rurais e no desenvolvimento de pequenas empresas e tudo o mais que torna a vida no campo e a atividade agrícola não só digna de um homem moderno, mas também atraente.

Joldzic (2009) aborda, com recurso a métodos de direito comparado, questões de desenvolvimento da legislação ambiental, comparando dois países com grandes diferenças (Austrália e Sérvia). A Austrália é um Estado complexo, enquanto continente, com meios, e com acesso ao mar. A Sérvia é um pequeno Estado unitário que passou por várias fases de transição, sem litoral.

Apesar de existirem diferenças, será que isso significa que elas são necessárias e enormes na proteção do ambiente? O autor aponta-nos a natureza e a lógica, bem como as exigências globais colocadas e idênticos requisitos legais e ambientais - diretrizes e limites na elaboração da legislação ambiental.

Selby (2001) descreve neste estudo um modelo curricular em linha, o modelo

IMAGINE, destinado aos alunos do 6º ao 12º ano nos Estados Unidos da América (EUA), cujo objetivo é incentivar uma cultura de paz. Na década atual, as Nações Unidas declararam 2000-2010 como a década da Cultura de Paz, sendo a educação reconhecida por este organismo como tendo um papel crucial na sua promoção. O estudo descreve as vertentes do modelo, derivando delas princípios, práticas e capacidades dos alunos, que, em conjunto, fornecem um roteiro para a conceção curricular. São também identificados temas sinergéticos que atravessam as vertentes. Finalmente, são apresentadas e discutidas amostras curriculares criadas com base no modelo.

Palmberg e Kuru (2000), diferentes programas de educação ambiental (visitas de estudo, caminhadas, acampamentos, actividades de aventura) visam desenvolver a relação afectiva dos alunos com o ambiente natural, a sua sensibilidade ambiental e o seu comportamento ao ar livre, bem como as suas relações sociais, através de experiências pessoais. Este estudo analisa os resultados de experiências de actividades ao ar livre envolvendo alunos de 11 e 12 anos de idade em Rovaniemi e Vaasa, na Finlândia. Os métodos de investigação qualitativa incluíram estudos de caso envolvendo questionários, entrevistas individuais, desenhos, fotografias de paisagens e observações dos participantes durante os campos de férias.

Segundo Pashhby e Wies (1990), a educação ambiental é uma área de preocupação crescente na sala de aula do ensino básico. Dois alunos de Mestrado em Ensino realizaram um estudo que investigou a eficácia de um programa de educação ambiental urbano, baseado na sala de aula, com alunos do 5º ano em Toronto, Ontário, Canadá. O programa centrou-se nos resíduos, no consumo e nos impactos ambientais daí resultantes. As actividades incluíam histórias, jogos, reflexão e debate. Larijani (2010) o presente estudo é uma tentativa de estudar a consciência ambiental dos professores do ensino primário superior da cidade de Mysore, na Índia. No total, foram selecionados aleatoriamente para o presente estudo 300 professores (136 do sexo masculino e 164 do sexo feminino) que leccionavam no 6. O teste de consciencialização ambiental foi utilizado para avaliar o nível de consciencialização ambiental (EAW) dos professores. O teste do qui-quadrado e a análise da tabela de contingência foram utilizados para determinar a importância da diferença entre os professores no que respeita ao género, à idade e ao tipo de escola. Os resultados revelaram que, de um modo geral, a maioria dos professores tinha níveis moderados de consciência ambiental.

Packer (2009) Estava interessado em saber se a inclusão de uma experiência de aprendizagem-serviço afectaria as atitudes e os valores dos estudantes em relação ao ambiente. Para investigar esta questão, incorporei um projeto de aprendizagem-serviço na parte laboratorial de uma das duas secções do meu curso de biologia para não licenciados, mantendo idênticas as partes teóricas do curso. Foram utilizados vários métodos para avaliar o impacto da experiência de aprendizagem-serviço: o inquérito do Novo Paradigma Ecológico foi utilizado para medir as mudanças nas atitudes e valores dos alunos em relação ao ambiente no início e no fim do semestre, e foram utilizados trabalhos de escrita reflexiva ao longo do semestre para avaliar qualitativamente as mudanças.

Heimlich et al (2004) realizaram um estudo nacional sobre faculdades e universidades que oferecem programas de preparação de professores, com o objetivo de determinar de que forma a educação ambiental (EA) poderia ser melhor incorporada nos seus currículos. Seis perguntas guiaram o inquérito descritivo e exploratório por correio relacionado com a satisfação e a adaptação à EA com as ofertas de programas actuais, que questões ambientais estão incluídas nos currículos, barreiras à EA nos currículos, conhecimento e utilização de recursos de EA, necessidades de recursos percebidas e relação entre barreiras e conceitos de cursos de EA Concepción et al (2009) começamos este ensaio com uma breve descrição do projeto de desenvolvimento multidisciplinar de quatro anos em que participámos. Depois de descrever alguns dos sucessos do projeto, argumentamos que três elementos da nossa abordagem foram essenciais para o aumento da aprendizagem dos alunos facilitada pelos participantes no projeto: (1) A Questão da Aprendizagem, a Especialização Disciplinar e a Teoria da Aprendizagem Fundamental, (2) Colaboração e Avaliação, e (3) Apoio Público e Reconhecimento Profissional.

## 3.  Investigação na área

Brace Jerkovic é uma povoação com cerca de 30.000 habitantes e é uma das maiores de Belgrado. A norte, faz fronteira com a povoação de Medakovic 2, a nordeste com Medakovic 3, a noroeste com Marinkova plash, a leste com as encostas da zona industrial do sul de Novi Beograd.

Figura 1. Vista da povoação de Brace Jerkovic (www.sr.wikipedia.org).

Figura 2. Vista da povoação de Veljko

Vlahovic (www.nadidom.com ).

A estância inclui duas comunidades locais "Brace Jerkovic" e "Veljko Vlahovic". Tanto quanto sabemos, a aldeia não estudou o complexo, pelo que as considerações mais elementares exigiam muito mais espaço do que aquele que, neste caso, podem permitir.

## 4.  Método de investigação

"Um método válido que seja o caminho mais curto, permite atingir os seus objectivos" (R. Descartes). Partindo destas conclusões de R. Descartes, queremos sublinhar que a metodologia neste trabalho não é um fim em si mesmo, mas sim um método completa e organicamente relacionado com o tema e funcionalmente subordinado ao objetivo proclamado. Todo o procedimento envolveu a realização de uma investigação utilizando o método combinado para a observação com o envolvimento fundamental, e criando e utilizando as seguintes fontes: orais (inquérito), escritas (literatura relevante). Os resultados são apresentados textualmente.

### 4.1.  Amostra

A amostra incluía 285 habitantes de Brace Jerkovic. A amostra incluía pessoas de diferentes idades, sexos e níveis de educação. A faixa etária abrangida é de 18 a 60 anos ou mais.

### 4.2.  Instrumento

Para efeitos de investigação, criámos um currículo. As perguntas dividiram-se em quatro categorias: perceção da consciência ambiental, gestão dos resíduos, infra-estruturas municipais e acções ambientais. O questionário foi elaborado segundo o modelo de um instrumento concebido para as intenções desta investigação, recorrendo

à formulação de regras de inquirição de perguntas de Pashhby e Wies (1990),

Sudarmadi et al (2001), Franzen (2003),

Bohdanowicz (2006)[1] . Neste contexto, em termos de resultados e da sua interpretação,

recorremos ao estudo de Samdahl e Robertson (1989), Rajovic (2009), Ziadat (2010),

Bulatovic e Rajovic (2011),

## 4.3. Investigação objetiva

O principal objetivo é determinar o estado de consciência ambiental dos residentes. O

ponto de partida básico da investigação é o conceito de proteção ativa do ambiente, no

nosso exemplo, o assentamento Brace Jerkovic é que o ambiente deve ser protegido

antecipadamente como um todo. Numa série de empreendimentos científicos e as

correspondentes acções de proteção e melhoria do ambiente devem basear-se no facto

de que as relações entre as pessoas e os lugares à sua volta, e o natural e social.

No entanto, na prática da vida quotidiana, muitas vezes nem sequer estamos

conscientes dos problemas ambientais e, por conseguinte, não contribuímos

suficientemente para a sua proteção. Para o conseguirmos, temos de começar pelo

---

1 O inquérito foi realizado por um grupo de estudantes (jovens ambientalistas) da Escola Superior Profissional de Design, Tecnologia e Gestão Têxtil de Belgrado, no segundo semestre de 2008 e em 2014, sob a direção de Jelisavka Bulatovic.

comportamento ecológico na família, no local de residência, na escola ou no local de trabalho, através da chamada de atenção para a importância da proteção do ambiente e da implementação de acções ambientais específicas.

## 4.4. Inquérito - Perguntas e respostas

Seguindo as regras de formulação de inquéritos de Pashhby e Wies (1990), Dinda (2004), Rajovic e Bulatovic (2008), Dunlap e York (2008), Trajkovic e Vuckovic (2009), analisamos as perguntas e as respostas dadas.

## 4.5. Análise dos resultados e suas interpretações

Com base nos dados do inquérito, e sob a forma de um breve resumo, apontamos as seguintes conclusões principais

• É interessante que quase todos os inquiridos (94,38%) declararam agir de forma ambientalmente responsável, ou seja, algo feito em benefício do ambiente.

• Mais de metade (54,17%) introduziu o termo "desenvolvimento sustentável", mas a estatística alarmante é que outros tantos (45,83%) estão ou estiveram parcialmente conscientes do seu verdadeiro significado.

• O inquérito por questionário revela que apenas (34,88%) dos inquiridos conheciam as normas e a legislação em matéria de proteção do ambiente.

- Quanto à questão de saber se existe uma secção, associação ou grupo de alunos/estudantes ativamente empenhados em questões ambientais, 47,29% responderam que sim, 20,11% que não, enquanto 32,60% dos inquiridos não sabiam.

- Mais de metade (55,83%) das povoações de Brace Jerkovic classificaram os resíduos domésticos, enquanto 44,17% dos inquiridos não o fizeram.

- A recolha selectiva dos diferentes tipos de resíduos (vidro, papel, plástico, latas...) não está representada em número suficiente, pelo que a população é obrigada a eliminar os resíduos sem separar os contentores (84,75 %).

- Mais de metade dos inquiridos (66,82%) declararam a existência de descargas de resíduos não controladas na cidade. Como vimos no terreno, basta que um camião descarregue o lixo ao lado da estrada para que, em 24 horas, surja uma "mini" lixeira.

- Apenas 27,35 % dos inquiridos afirmaram estar satisfeitos com a organização da eliminação dos resíduos urbanos. Se considerarmos que 72,65% dos inquiridos afirmaram não estar satisfeitos, parece que existem lixeiras na povoação. Aqui, em particular, a "lixeira selvagem" nas ruas de Darwin é um problema grave, porque está localizada perto do parque infantil para as crianças.

- A televisão, como é óbvio, é o meio mais poderoso que utilizamos para informar as pessoas sobre estas questões importantes. Em segundo lugar, os impressos. As

escolas e o local de trabalho como fonte de informação são o último lugar. Até o

impacto da informação que ouvem de outras "histórias" é maior. A sondagem sugere

as seguintes respostas: televisão (54,15%), jornais (12,69%), escola/local de trabalho

(10,23%), a história (22,93%).

• Com base na análise dos dados, verificámos que apenas 24,95 % dos inquiridos

têm conhecimento de que esta é a lei e que podem propor uma iniciativa sobre a

localização da eliminação de resíduos urbanos e a regulamentação da aldeia. Esta

iniciativa foi bem sucedida e, em meados de 2008, os mercados de Brace Jerkovic

concluíram a reabilitação da praça existente com uma fonte e a área circundante

associada, plantada com plantas sempre verdes.

• Um grande número de inquiridos (86,63%) não está satisfeito com os serviços

públicos da aldeia. Nomeadamente, a urbanização intensiva das povoações poderia ser

acompanhada de infra-estruturas adequadas, os elevados custos de construção,

funcionamento e manutenção das redes e instalações de infra-estruturas.

• Perturbador é o facto de 42,15% dos inquiridos terem respondido que não

conhecem projectos com o objetivo de proteger o ambiente por parte das autarquias

locais, e 31,60% não pensarem nisso.

- A maioria dos inquiridos (97,35%) considera que os governos locais não participam suficientemente na promoção da sensibilização ambiental e na sensibilização da população para a importância da proteção do ambiente.

- O questionário do inquérito dá a resposta dos inquiridos ao facto de a administração local poder melhorar e preservar significativamente o ambiente, nomeadamente: a adoção de leis importantes sobre a proteção do ambiente (34,32%), a punição draconiana das violações das mesmas (29,71%), a assistência financeira às aldeias (19,97%), a adoção de projectos importantes no domínio da ecologia (11,51%), as suas razões (contratar mais

- As pessoas que se preocupam com a limpeza da povoação, a introdução de policiamento comunitário... é proposta por 3,27%) e não pensam nisso 2,12% dos inquiridos.

- Não participaram em nenhuma ação ambiental (72,19%) os indivíduos da povoação, embora a maioria (84,36%) o quisesse fazer. Uma dessas acções, realizada em meados de 2008, foi bem sucedida e consistiu na criação de zonas verdes e de parques infantis na aldeia, tendo os mais jovens, bem como outros vizinhos, tornado o ambiente mais confortável e seguro.

**Tabela 1: Inquérito de resultados**

**PerguntasRepresentar     em %**

1.  Tem um comportamento ambientalmente responsável?

sim94                        ,38 %

não5  ,62 %

2.  Conhece a expressão "desenvolvimento sustentável" e sabe qual é o seu verdadeiro significado?

sim54                        ,17%

não34                        ,51%

11,32 %

em parte

3.  Conhece as normas e a legislação em matéria de proteção do ambiente?

sim34                        ,88%

não3  ,07%

parcialmente62               ,05%

5) Existe alguma secção no seu bairro, associação ou grupo de alunos/estudantes que estejam ativamente envolvidos em questões ambientais?

sim47                        ,29%

não20                        ,11%

Não estou familiarizado/familiarizado32     ,60%

5.  Separo o lixo doméstico?

sim44                                ,17%

não55                                ,83%

6.  Postoje youinyour          neighborhood recolha selectiva

para diferentes tipos de resíduos (vidro, papel, plástico, latas...)

sim15                    ,25%

no84 ,75%

7.  Existe no seu bairro uma eliminação não controlada de resíduos urbanos?

sim66                    ,82%

não33                    ,18%

8.  Está satisfeito com a organização dos resíduos urbanos?

sim27                    ,35%

não72                    ,65%

9.  Quais são as tuas fontes de informação sobre os resíduos e a sua eliminação, os aterros sanitários

e a proteção do espaço vital?

54,15%

TV

12,69%

imprimir

escola / local de trabalho10   ,23%

"história "               22,93%

10.  Sabia que, por lei, tem a possibilidade de propor iniciativas sobre a localização da eliminação

dos resíduos urbanos e a regulamentação da povoação?

sim24                    ,95%

não76                    ,05%

11.  Está satisfeito com as infra-estruturas de serviços públicos das povoações?

sim86                    ,63%

não13                    ,37%

12.  Os seus projectos são bem conhecidos pelo público local?

governo para proteger o ambiente?

sim26                     ,19%

não42                     ,15%

Não penso        nisso31      ,66%

13.  Considera que a administração local deveria fazer mais pela  pureza do povoamento        e

pela melhoria da

consciência ambiental?

sim97                    ,35%

não2 ,65%

14.  O que é que devo fazer?

adoptaram leis importantes em matéria de proteção do ambiente 34,32% por violações das mesmas

punição draconiana

o dinheiro ajuda29          ,71%

sugere ser importante19     ,97%

projectos sobre ecologia11  ,51%

Não penso nisso2            ,12%

uma razão                   3,27%

15.  Participou em alguma ação ambiental no seu bairro?

sim27                       ,81%

não   72,19%

Fonte: Dados calculados pelo autor.

# 5. Conclusão

Um resultado desejado da educação ambiental (EA), de acordo com O'Brien (2007), é criar um público que seja ambientalmente alfabetizado. Muitos programas e materiais de EA têm este objetivo declarado. "No entanto, a medição da literacia ambiental (LA) tem permanecido indefinida. Algumas pesquisas nacionais foram realizadas para tentar medi-la. Alguns estados tentaram fazer uma pesquisa periódica com seus cidadãos para coletar dados sobre a EA. Embora estas tentativas sejam importantes, creio que muitas das questões colocadas ainda não permitem medir com exatidão a literacia ambiental.

Além disso, considero que estes importantes instrumentos não têm em conta as diferenças culturais e do sistema educativo e nem sempre têm em consideração os padrões de referência aceites para a EA" (O'Brien, 2007). Este estudo desenvolveu um instrumento de inquérito que visava medir com precisão três componentes da literacia ambiental: consciência e conhecimento sobre, e atitudes em relação a questões ambientais, especialmente no que se refere à povoação de Belgrado Brace Jerkovic.

O inquérito incluiu a povoação de Brace Jerkovic. No total, foram entrevistadas 285 pessoas de diferentes idades e níveis de instrução. O nosso objetivo era determinar o estado da consciência ambiental. Os inquéritos mostraram os resultados e interpretaram as causas da situação. Em conclusão, o inquérito pode ser implementado numa consciência ambiental muito elevada dos habitantes de Brace Jerkovic, de acordo com a sua própria opinião, mas fora da questão de saber se é uma imagem real. Este facto leva-nos à questão da autocrítica da população inquirida e à conclusão de que as pessoas estão mal informadas sobre o significado e a importância da ecologia. o de que 44,17 % dos inquiridos classificaram os resíduos. Surpreendentemente, o facto de 42,15% dos inquiridos terem respondido que não conhecem projectos com o objetivo de proteger o ambiente por parte das autarquias locais e de 31,60% não pensarem nisso.

Além disso, 84,75 % dos inquiridos afirmaram que a povoação não dispõe de um número suficiente de recolha separada de diferentes tipos de resíduos (vidro, papel, plástico, latas...). A televisão é o meio mais poderoso através do qual os inquiridos são informados sobre os assuntos municipais. Foi demonstrado que a influência da escola e do local de trabalho é preocupante. A intensa urbanização das aldeias poderia ser acompanhada de infra-estruturas adequadas, os elevados custos de construção, funcionamento e manutenção das redes de infra-estruturas e instalações. Além disso, há também consequências negativas inevitáveis para o ambiente. Aqui falamos de um dos indicadores dos agregados familiares, especialmente os agregados familiares da zona marginal, que não tinham acesso a água e esgotos públicos. Por conseguinte, as condições de higiene das habitações nestes locais podem não ser satisfatórias. A rede de esgotos é a principal infraestrutura municipal, mas está desarrumada. A rede de esgotos tem explosões indesejadas, as estações de bombagem estão em mau estado, as instalações para águas residuais não cumprem as normas legislativas. A maioria dos inquiridos, 97,35%, afirmou que as autarquias locais não participam suficientemente na promoção da sensibilização ambiental e na sensibilização da população para a importância da proteção do ambiente. Quase 34,32% dos inquiridos responderam que a administração local pode melhorar o ambiente através da adoção de legislação, enquanto 84,36% afirmaram que participam na ação ambiental da cidade. A revolução industrial, segundo Smrekar (2012), citando as investigações de Holdgate (1979) e Waring & Glendon (1998), sublinha que introduziu não só produtos que facilitaram a vida das pessoas, mas também poluição em grande escala. Por definição, a poluição é a introdução humana de substâncias e de energia no ambiente que possam representar uma ameaça para a saúde humana, que sejam nocivas para os organismos vivos e para os ecossistemas, que causem danos em edifícios ou infra-estruturas, ou que interfiram com a utilização correta do ambiente. É demasiado tarde se começarmos a enfrentar estes problemas e a procurar soluções apenas quando eles se tornam óbvios. Com uma consciência ambiental adequada, as pessoas podem reduzir significativamente os danos ambientais intencionais.

A proteção do ambiente, tal como é entendida hoje, é uma atividade caraterística da sociedade humana a partir do início da segunda metade do século XX. No sentido mais geral, trata-se de uma preocupação em preservar o ambiente ainda intocado e em melhorar o ambiente já afetado, e talvez mesmo sobrecarregado. Baseia-se principalmente na mudança da relação do homem com o ambiente ( Smrekar, 2012).

"Para concretizar o conceito de comunidades sustentáveis, que é um futuro seguro e evita a devastação do ambiente, que produz uma sociedade de risco, é necessário efetuar uma transformação profunda e considerar o ambiente como um todo. O exame mais difícil que um homem fez desde o seu início até hoje, pode ser superado com sucesso e assentar única e exclusivamente na introdução da excelência da qualidade e do desenvolvimento sustentável" (Danelisen et al, 2008).

# Referências

1.   Hiramatsu, A., Kurisu, K., Hanaki, K., (2015), Consciência ambiental nas actividades quotidianas medida por estímulos negativos, *Sustentabilidade*, 8 (1), 24.

2.   Stern, P.C., (2000), New Environmental Theories: Toward a Coherent Theory of Environmentally Significant Behavior, *J. Soc. Issues*, 56, 407 - 424.

3.   Kollmuss, A., Agyeman, J.,(2002), Mind the Gap: Why do people act environmentally and what are the barriers to pro - environmental behavior? *Environ. Educ. Res,* 8, 239 - 260.

4.   Giuseppe, I., (2006), The Power of Survey Design: A User's Guide for Managing Surveys, Interpreting Results, and Influencing Respondents; The International Bank for Reconstruction and Development: Washington, DC, EUA, pp. 44 - 46.

5.   Ando, K. Ohnuma, S., Chang, E.C., (2007), Comparing normative influences as determinants of environmentally - conscious behavior between the U.S. and Japan, *Asian J. Soc. Psychol.*, 10, 171 - 178.

6.   Harju - Autti, P., Kokkinen, E., Novel , A., (2014), Índice de consciencialização ambiental medido a nível nacional para cinquenta e sete países, *Univers. J. Environ. Res. Technol.* 4, 178 - 198.

7. Akca, H., Sayili, M., Yilmazcoban, M., (2007), **Rural Awareness of** Environmental Issues: the Case of Turkey, *Polish Journal of Environmental Studies*, *16* (2).

8. Pelstrin, G., (1997), Measuring environmental Attitudes: The new Environmental Paradigm.

9. Schults, P. ,Zelenzy, L.,(1999), Values as predictors of environmental attitudes: evidence for consistency across 14 countries, J. *Environ. Psychol.*, 19, 255.

10. Roba, T. F., (2012), Media and Environmental Awareness: A Geographical Study in Kembata Tembaro Zone, Southern Ethiopia, Dissertação de doutoramento, Universidade da África do Sul.

11. Kumar, S., (2013), Environmental Awareness among Rural Folks of Hamirpur District, HP, *The International Journal of Engineering And Science*, 2 (1), 81 - 83.

12. Khan, Z. A., (2013), Global environmental issues and its remedies, *International Journal of Sustainable Energy and Environment*, 1 (8), 120 - 126.

13. Sola, A. O., (2014), Educação ambiental e sensibilização do público, *Journal of Investigação Educacional e Social*, 4 (3), 333.

14. Sherbinin, A. D., Carr, D., Cassels, S., Jiang, L., (2007), **Population and**

ambiente, *Annu. Rev. Environ. Resour.*, 32, 345 - 373.

15. Petersen, W., (1972), **Readings in Population. New York: Macmillan.**

16. Tiffen, M., Mortimore, M., Gichuki, F.,(1994), **More People Less Erosion: Environmental Recovery in Kenya. Chichester, Reino Unido: Wiley.**

17. Harvey, T., (1995), **An education 21 programme:    orienting environmental** educação para o desenvolvimento sustentável e reforço das capacidades para o Rio, *The Environmentalist*, 15 (3), 202 - 210.

18. Curran, S., de Sherbinin, A.,(2004), **Completing the picture: the challenges of** bringing 'consumption' into the population - environment equation, *Popul Environ*, 26 (2), 107 - 31.

19 Rajovic,G.,(2007 a), **Koncepcija zastite zivotne sredine (1),** *Gorske staze: prvi crnogorski ilustrovani casopis za lov, ribolov i ekologiju*, 48, 10 - 11.

20 .Rajovic, G.,(2007 b), **Ekoloska svijest i odrzivi razvoj (2),** *Gorske staze: prvi crnogorski ilustrovani casopis za lov, ribolov i ekologiju*, 49, 10 - 12.

21 Rajovic, G.,(2007 c), **Ekoloska svijest kao osnova odrzivog razvoja (3),** *Gorske staze: prvi crnogorski ilustrovani casopis za lov, ribolov i ekologiju*, 50, 9 - 13.

22   . Salehi, S., (2010), **People and the Environment: A Study of Environmental**

Attitudes and Behaviour in Iran [Um estudo das atitudes e comportamentos ambientais no Irão]. LAP Lambert Academic Publishing.

23   Erdogan, M., Akbunar, S., Asik, U. O., Kaplan, H., Kayir, C. G., (2012), The effects of demographic variables on students' responsible environmental behaviors, *Procedia - Social and Behavioral Sciences*, *46*, 3244 - 3248.

24   . Haghighatian, M., Purafkari, N., Jafarinia, G., (2013), O impacto dos comportamentos sociais ambientais no desenvolvimento social: O caso do pessoal de South Pars (Assaluyeh), *Journal of Social Development Studies in Iran*, 5 (1), 136 - 152.

25   Khajeshahkoohi, A., Najafikani, A., Vesal, Z., (2015), en_US&Factors Affecting Environmental Awareness of Rural People (Case Study: Jaghargh Dehestan in Binalud County), *Journal of Research and Rural Planning*, 4 (9), 85 - 95.

26   Bulatovic, J., Rajovic,G., (2013), Consciência Ambiental para a Sustentabilidade: A Pilot Survey in the Belgrade Settlement Brace Jerkovic, *International Journal of Advances in Management and Economics*, 2 (1), 20 - 27.

27   Rajovic,G., Bulatovic,J.,(2015), State of environmental awareness in northeastern Montenegro: a review, *International Letters of Natural Sciences*, 2, 43 - 56.

28  . Bulatovic, J., Rajovic, G., (2016), Consciência Ambiental para a Sustentabilidade da Floresta Miljakovacke - Inquérito Piloto no Assentamento Miljakovac (Belgrado), *Sochi Journal of Economy,* 39 (1), 4 - 21.

29  Gereke, Z., (1995), Ecologia e organização, Belgrado: "Znamen".

30  Vasovic, V., Biocanin, R., (2007), Sustainable development, *Ecologica,* 49, 68 - 69.

31  Rajovic, G., (2007), Environmental Awareness as a Basis for Sustainable Development of Rural Areas of Montenegro, *Ecologica*, 49, 63 - 66.

32  . Jacimovic, B., (1985), Development Diretions and Methods of Agricultural Geography, da Edição Especial do Departamento de Geografia e Planeamento Espacial, Livro 3, Belgrado.

33  Dekic, T., (2013), Analyze of the air quality in Belgrade city during the period september 2010 - september 2011, *Journal of the Geographical Institute" Jovan Cvijic", SASA,* 63 (2), 11 - 19.

34  Chen, T.M., Gokhale, J., Shofer, S., Kuschner, W.G., (2007), Outdoor air pollution: nitrogen dioxide, sulfur dioxide, and carbon monoxide health effects, *Am J Med Sci.*, 333(4), 249 - 56.

35   . Jablanovic, M. et al (2003), **Introduction to Ecotoxicology**. Pristina: Faculdade de Ciências e Matemática, Universidade de Pristina.

36   Manchas orgânicas da Sérvia Europa (2011), **Disponível em:** http://www.mojalada.com (22.03 2011).

37   Rajovic, G., Bulatovic, J., (2008), **The state of Environmental Awareness in Vrbas**, *Ecologica*, 51, Belgrado: Sociedade Científica para a Proteção do Ambiente da Sérvia.

38   . Pantovic, R., Zikic, M., Obradovic, Lj., Urosevic, D., (2008), **The treatment of municipal waste in Cresol - France**, *Ecologica,* 52, Belgrado: Scientific Society for Environmental Protection of Serbia.

39   Trajkovic, S., Vuckovic, D., (2009), **Survey's utility as a means of public participation in the waste management**, *Ecologica*, 53, Belgrado: Sociedade Científica para a Proteção do Ambiente da Sérvia.

40   Rajovic, G., (2009), **Rural settlement Gnjili Potok as a reflection of socio-economic conditions**, *Research and* Development, 32 - 33, 75 - 77.

41   Joldzic, S., (2009), Environmental protection - A Comparison between Serbia and Australia, *Ecologica*, 54 - 60, Belgrado: Scientific Society for Environmental

Protection of Serbia.

42    . Selby, D., (2001), The signature of the whole: Radical interconnectedness and its implications for global and environmental education, *Encounter Education for meaning and Social Justice*, 14 (4), 32 - 36.

43    . Palmberg I, Kuru J (2000), Outdoor activities as a basis for environmental responsibility, *J. Environmental Education*, 31 (4), 32-36.

44    . Pashhby l, Wies J (1990), Planting the seeds of Environmental Awareness Evaluating an Environmental Education, *Program for Grade 5 Students*, 22 (3),138 - 148.

45    . Sudarmadi, S., Suzuki, S., Kawada, T., Netti, H., Soemantri, S., Tugaswati, A. T., (2001), A survey of perception, knowledge, awareness, and attitude in regard to environmental problems in a sample of two different social groups in Jakarta, Indonesia, *Environment, development and sustainability,* 3 (2), 169 - 183.

46    . Franzen, A., (2003), Environmental attitudes in international comparison: An analysis of the ISSP surveys 1993 and 2000, *Social science quarterly*, 84 (2), 297 - 308.

47    . Bohdanowicz, P., (2006), Environmental awareness and initiatives in the

Swedish and Polish hotel industries - survey results, *International Journal of Hospitality Management*, 25 (4), 662 - 682.

48   . Ziadat, A. H., (2010), Major factors contributing to environmental awareness among people in a third world country/Jordan, *Environment,Development and Sustainability,* 12 (1), 135 - 145.

49   . Samdahl, D. M., Robertson, R., (1989), Social determinants of environmental concern: Specification and test of the model, *Environment and behavior*, 21 (1), 57 - 81.

50   Dinda, S., (2004), Environmental Kuznets curve hypothesis: a survey, *Ecological economics,* 49 (4), 431 - 455.

51   Dunlap, R. E., York, R., (2008), The globalization of environmental concern and the limits of the postmaterialist values explanation: Evidence from four multinational surveys, *The Sociological Quarterly*, 49 (3), 529 - 563.

52   Larijani, M., (2010), Assessment of Environmental Awareness among Higher Primary School Teachers, *Journal Human Ecology*, 31(2), 121 - 124.

53   Packer, A., (2009), Service Learning in a non-majors biology course promotes changes in students' attitudes and values about the environment, *Int. J. the Scholarship*

*of Teaching and Learning,* 3 (1), 1 - 23.

54   Heimlich, J.E., Braus, J., Olivolo, B., Mc Keown - Ice, R., Barringer - Smith, L., (2004), Environmental Education and Pre service Teacher Preparation: Um estudo nacional, *J. Environmental Education*, 35 (2), 17 - 21.

55   . Concepcion, D., Holtzman, M., Ranieri, P., (2009), Sustaining student and faculty success a model for student learning and faculty development, *Int. J. Scholarship of Teaching and Learning*, 3 (1), 1 - 10.

56   .Assentamento de Brace Jerkovic (2017), Disponível em: http://www.sr.wikipedia.org (25. 10 2017).

57   .Assentamento de Veljko Vlahovic (2017), Disponível em: http://www.nadidom.com (26. 10 2017).

58   . Bulatovic, J., Rajovic, G., (2011), Public participation in the concept of active protection of the environment on the example of Banjica, *Zastita prirode*, 61 (2), 111 - 128.

59   Rajovic, G., Bulatovic, J., (2009), Municipal solid waste in New Belgrade - care problems and state landfills, Book of Abstracts, International Scientific Conference "Globalization and Environment", "Ecologica" Scientific Society for Environmental

Protection of Serbia, Belgrado, 22-24 de abril.

60    . O'Brien, S. R. M., (2007), Indications of environmental literacy: using a new survey instrument to measure awareness, knowledge, and attitudes of university - aged students, Iowa State University.

61    . Smrekar, A., (2012), Environmental awareness in Slovenia through residents relationships waste, *Geografski Vestnik,* 84 (1), 129 - 139.

62    Holdgate, M.V., (1979), A Perspective of Environmental Pollution. Cambridge.

63    . Waring, A., Glendon, I. A., (1998), Managing Risk. Critical Issues for Survival and Success into 21st Century. Londres, Boston.

64    Danelisen, D., Aleksic, S., Amidzic, B., Biocanin, R., Rakocevic, V., (2008), Medico - ecological importance of nutrition in the system of quality living environment, *Research and Development*, 28-29, 141-150.

65    . Kokkinen, E., (2013), Measuring Environmental Awareness in the World, Oulun YLiopisito, Universidade de Oulu.

66    Partanen - Hertell, M., Harju - Autti, P., Kreft - Burman, K., Pemberton, D., (1999), Raising environmental awareness in the Baltic Sea area. Helsínquia, Instituto Finlandês do Ambiente.

Filename:                        ekologija -brace jerkovic

Diretório:                       C:\Documentos e

Definições\PC\Desktop

Modelo:                          C:\Documentos e

Definições\PC\Aplicação

Dados\Microsoft\Templates\Normal.dotm

Título:

Assunto:                         PC

Autor: Palavras-chave: Comentários:

Data de criação:                 25/10/2017 8:23:00 PM

Número de alteração:             2

Salvo pela última vez em:        25/10/2017 8:23:00 PM

Salvo pela última vez por:       PC

Tempo total de edição:           8 minutos

Última impressão em:             25/10/2017 8:24:00 PM

A partir da última impressão completa

Número de páginas: 64

Número de palavras: 7.171

Número de caracteres:            43.184 (aprox.)

Printed by Books on Demand GmbH, Norderstedt / Germany